MW00954216

Made in the USA
Coppell, TX
24 November 2024

40895678R00057